手心里的温暖

萌趣少女心手工乐园

泡芙甜甜的手绘 ◎ 编著

人民邮电出版社

北京

图书在版编目（CIP）数据

手心里的温暖：萌趣少女心手工乐园 / 泡芙甜甜的

手绘编著. -- 北京 ： 人民邮电出版社, 2024. -- ISBN

978-7-115-64534-0

I. TS973.5

中国国家版本馆 CIP 数据核字第 2024K0Q605 号

内 容 提 要

这是一本简单好玩、充满童趣和少女心的手工教程。

全书分为 9 章，涵盖可爱小书签、桌面小立牌、专属小挂件、自制收纳盒、自制收纳袋、格子纸小手工、趣味小物、生日贺卡、节日小礼物等 9 类共计 80 个手工案例，效果丰富，功能多样且实用。每个手工案例都配有详尽的图解步骤，便于读者从易到难地掌握制作技巧。

本书既适合小学生、初中生课间休息或课后放松时使用，又适合内心充满童趣和少女心的成人日常解压放松使用，还适合手工自媒体博主学习使用。希望本书能够成为大家探索手工艺术乐趣的理想伙伴。

◆ 编　　著　泡芙甜甜的手绘
　　责任编辑　赵　迟
　　责任印制　陈　犇
◆ 人民邮电出版社出版发行　　北京市丰台区成寿寺路 11 号
　　邮编　100164　电子邮件　315@ptpress.com.cn
　　网址　https://www.ptpress.com.cn
　　北京富诚彩色印刷有限公司印刷
◆ 开本：787×1092　1/20
　　印张：8.6　　　　　　　　2024 年 9 月第 1 版
　　字数：31 千字　　　　　　2025 年 4 月北京第 2 次印刷

定价：69.80 元

读者服务热线：(010)81055410　印装质量热线：(010)81055316
反盗版热线：(010)81055315

前言

手工制作不仅能锻炼动手能力，还能开拓思维，益处多多。但我觉得更重要的是，它能让自己感到充实与快乐。

在做手工时，我会更加专注、平和，仿佛一切烦恼都被抛却。突然迸发的创意点子，让我充满期待与欣喜。

在将自己脑海中的创意变为现实的过程中，也许会遇到困难，也许会遭遇失败，但那又怎样，这正是探索的乐趣所在。

不管自己亲手制作的手工作品是否完美，它们都会让我收获莫大的成就感和满足感。

这种幸福感，真是太棒了！
让我们一起开启手工制作之旅吧！

多平台百万粉丝博主：泡芙甜甜的手绘
2024 年 6 月

目录

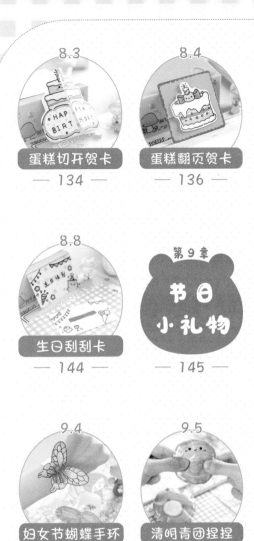
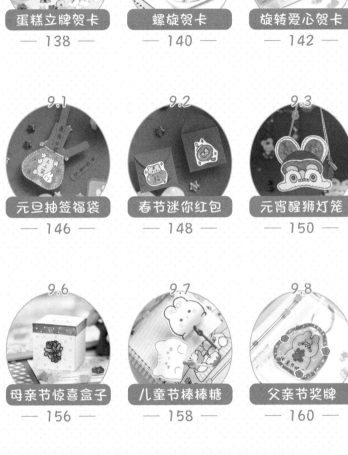

工具介绍

在正式开始手工制作之前，先了解一下本书中常用的手工工具，部分不常用的工具会在手工案例部分进行介绍。

基本材料

纸是本书中基本的手工材料，支撑着各种创意的实现。

白色卡纸

彩色卡纸

格子纸

画笔工具

不同的画笔适用于不同的绘制阶段，如绘制草稿时可以使用铅笔，绘制高光时可以使用高光笔，勾线时可以使用勾线笔，涂色时可以使用马克笔等。

铅笔

高光笔

珠光笔

彩色勾线笔

粗头勾线笔

细头勾线笔

马克笔

粘贴工具

可以通过粘贴工具将各种材料、部件黏合在一起。常见的粘贴工具有透明胶带、手工胶、白乳胶、固体胶、双面胶、热熔胶等。

透明胶带　　　　手工胶

剪裁工具

可以用剪裁工具将各种材料按照需要的尺寸和形状进行裁剪和修整，常见的剪裁工具有剪刀、美工刀、裁纸器、圆角器等。

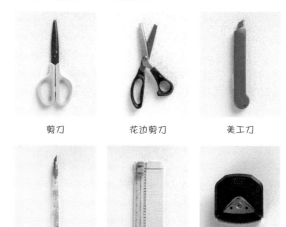

剪刀　　　　　花边剪刀　　　　　美工刀

刻刀　　　　　裁纸器　　　　　圆角器

辅助工具

除了以上工具，还有一些辅助工具能够帮助大家更高效地完成作品。

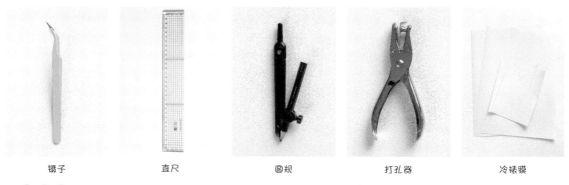

镊子　　　　　直尺　　　　　圆规　　　　　打孔器　　　　　冷裱膜

第❶章

可爱小书签

当你看书的时候，怎么记下自己看到哪一页了呢？ 🙂 一起动手制作简单可爱的小书签，看到哪一页就把书签夹在哪页，给每次阅读做标记吧！这样不仅实用，还能让阅读变得仪式感满满哦。此外，把书签当作小礼物送人，也很有意义呢。😊

1.1 夹角书签

夹在书本边角处，凸出来的小惊喜。

01 在白色卡纸上，用勾线笔画出线稿。

小黑板

在画线稿前，可以先用铅笔画出草稿，再用勾线笔根据草稿描出线稿。在描边时，要尽量使用流畅且肯定的线条。如果出现一笔画不完的情况，可以把线条断开，这会让线稿看起来更加通透、可爱。

02 等线稿干透，先用橡皮擦掉铅笔痕迹，再用马克笔均匀涂色，注意控制涂色范围。

小黑板

这里使用的是软头马克笔，你也可以自行选择其他上色工具，如水彩笔、彩铅等。如果勾线笔与上色笔都是油性或都是水性的，那么上色时一定要注意让上色区域和线稿保持一点距离，以免引起晕色。

012

03 第一遍所涂颜色干透后，进行第二遍涂色。

04 在眼睛斜下方画出一对腮红。

05 用小圆点丰富画面细节。

这里也可以装饰一些基本形状，如圆形、星形等。

06 进一步丰富画面细节。这样图案就绘制完成啦。

可以留出一圈白边哦。

07 用剪刀将图案剪下来，注意留出白边。

翻开是这样的效果。

08 用刻刀沿着图案的边缘雕刻，约刻开周长的1/3。完成制作。

可爱的夹角书签时刻陪伴着你。

1.2 夹页文字书签

写下你的专属寄语，可爱又不失书卷气。

01 在白色卡纸上，用勾线笔画出线稿。

02 用马克笔均匀涂色。

03 等颜色干透，用高光笔点出高光。

修剪时尽量避免出现尖锐的棱角。

04 在图案边缘留出一圈白边，用剪刀将图案剪下来。

这样裁出来的纸条，是不是很规整呢？

05 准备一张白色卡纸，并用裁纸器剪出宽度比图案宽度小一些的长条卡纸。在裁纸时，可以先将纸张边缘对齐刻度线，再用手同时按压纸张和压板，以确保纸张不会被裁歪。

小黑板

拖动裁纸器上的小划块，就能够快速裁出边线相互平行或垂直的纸张啦。

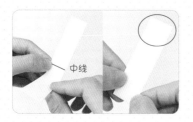

中线

06 沿中线靠下的位置折叠纸条，得到错落的边线。

07 用剪刀将边角修剪出弧度，如此会更美观且不容易翘边。

这样折叠，使用时就能够比较方便地分离书签了。

小黑板
这里使用的是手工万能胶，细头便于控制出胶量。当然，选择双面胶、固体胶替代也是可以的。

小黑板
此处也可以使用圆角器，让圆角修剪变得事半功倍。并且这样修剪出的角都是同样的弧度，看起来会更美观。

把纸张尖角塞进圆角器，按压一下即可。

08 在纸条折痕的下方涂上胶水。

09 将图案粘贴上去。

10 写上激励语或祝福语，增加仪式感。

11 用小圆点丰富画面细节，完成制作。

"啾"的一口，夹页文字书签就"咬"住书页，真是太方便啦！

1.3 趴趴腿书签

小动物趴在书本上，探出脑袋好可爱！

01 将白色卡纸对折。

得到这样的效果。

02 沿着折痕画出半只小动物的轮廓。

03 用剪刀沿着小动物的轮廓剪下来。

展开便能快速得到左右对称的小动物形状啦。

小黑板

小动物头顶的弧线要画得平滑一些，这样才更容易修剪成对称的圆脑袋。

04 将小动物作为模板放在新的白色卡纸上，用铅笔沿着模板的边缘在白色卡纸上描出轮廓。

05 在轮廓中，画出半圆形的小手。

你可以发挥想象，画出其他动物。

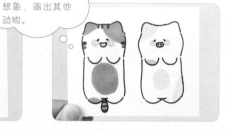

06 用勾线笔沿着铅笔轮廓绘制出小动物的样子。

07 用马克笔给小花猫和小花猪上色。

08 用剪刀将小动物剪下来。

 小黑板
将小动物的五官绘制得紧凑一些，表现出憨憨胖胖的效果。

弯折一下，能看到两道小口子。

小黑板
普通小刀也可以代替刻刀使用哦。

09 用刻刀将小爪子的边缘线轻轻刻开，完成制作。

小动物趴在书页的边缘，时刻陪伴着你

1.4 小熊软糖书签

彩色小熊糖果，酸酸甜甜就是我。

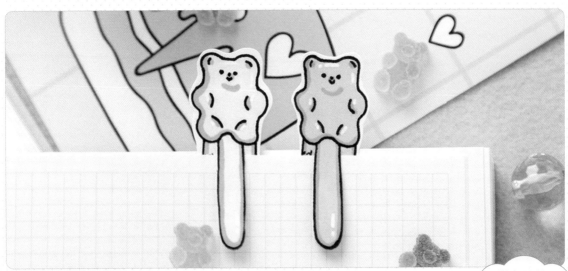

画好阴影就是这样的。

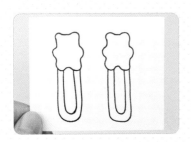

01 在白色卡纸上，用勾线笔画出线稿。

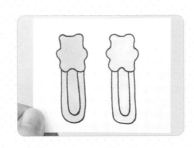

02 用马克笔平涂上色。

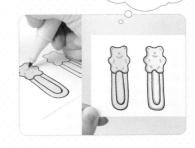

03 等第一遍颜色干透，用马克笔绘制小熊图案的内部线条，表现出阴影效果。

 小黑板
　　不必过于追求线条的对称和垂直，随意一点反而会显得更有童趣。

 小黑板
　　内部线条的颜色应该选用比第一遍颜色略深的同色系颜色。

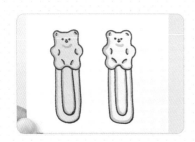

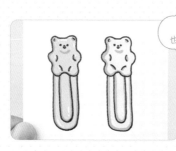

04 等到颜色干透，再用勾线笔绘制五官等细节。

05 用高光笔点上高光，表现出小熊软糖的Q弹感。

06 在书签的侧面参考直尺画上刻度，得到简易的尺子书签。

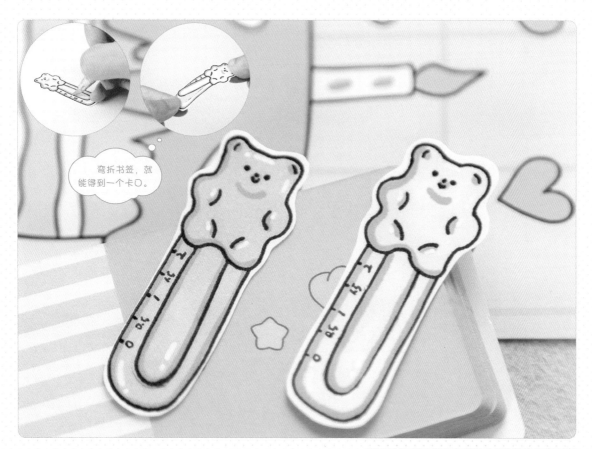

07 用刻刀沿着小熊书签的内圈线条边缘进行刻画，完成制作。

盖上书本，也能看到Q弹的小熊软糖哦。

1.5 立体花束书签

送自己一束花，书中自有花香。

01 准备一张白色卡纸，然后用马克笔画出几个椭圆形。

02 用彩色勾线笔描出花朵的形状。

03　用剪刀将花朵剪下来。

04　在白色卡纸上，用马克笔绘制出花束包装。

05　用剪刀将花束包装剪下来。

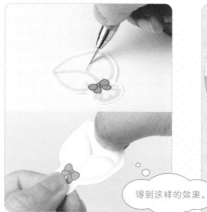

得到这样的效果。

06　用刻刀将花束包装划开一个V形的口子。

07　将花茎插入花束包装中，并摆出合适的布局。

08　在花茎背面粘上透明胶带，把花束与包装固定在一起，完成制作。

送你一捧花，愿你开心顺遂每一天。

1.6 透明打包书签

打包一份"可爱"，送给可爱的你。

珍珠奶茶和纯牛奶，你更喜欢喝哪一个？

可以废物利用普通的包装袋，大小合适即可。

01 在白色卡纸上，用勾线笔绘制出图案。

02 用马克笔填涂颜色。

03 准备透明的塑料袋。

打包饮料啦!

04 将图案装入塑料袋中。

05 放一些亮片到塑料袋里,制作成可玩的摇摇乐,这样会更加精美、有趣。

06 将塑料袋修剪成合适的大小。

07 准备白色卡纸,并沿短边对折。

08 用剪刀将边缘修剪出弧度。

09 给卡纸画上图案,作为打包袋的封口装饰条。

小黑板
可以使用胶水、双面胶、透明胶带等给塑料袋封口,要注意将边缘都封紧,避免亮片掉出来。

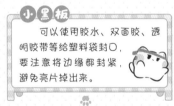

10 给塑料袋开口的内部边缘涂上胶水,并紧贴开口给塑料袋封口。

11 用封口装饰条包裹住塑料袋的开口处,并粘贴牢固,完成制作。

打包完毕,顾客请取餐。

1.7 夹页图案书签

可以夹住好几页纸的书签，你也来试试吧。

01　准备白色的长条卡纸。

02　沿长边对折。

03　在对折卡纸的中间垫一张废纸，防止画画时渗墨。

04 用勾线笔画出图案，周围用星星、圆点、小
鱼装饰画面。

05 用马克笔上色。

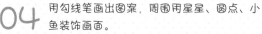

保留对折边

打开是这样的效果。

06 在保留对折边的情况下，沿着图案修剪书签
边缘，完成制作。

夹页图案书签，一次可以夹住好多页呀。

1.8 立体书侧书签

快看，它在书本的侧面。

01 准备白色的长条卡纸。

02 沿长边对折。

03 将顶端分别往外侧折一点。

04 准备另外的白色卡纸，并用勾线笔画出图案。

05 用马克笔涂色。

06 用剪刀把图案剪下来。

 小黑板

这里绘制的是左右对称的图案，你也可以画不对称的图案哦。

得到这样的效果。

07 用剪刀将图案剪成两半。

用小镊子辅助粘贴能够更方便地调整粘贴位置。

对齐边缘

08 在折好的纸条顶端涂上胶水。

09 把图案分别粘贴到纸条的顶端，注意对齐边缘，完成制作。

从书本的侧面可以看到美丽的图案，生动得像一只停留在花朵上的蝴蝶。

1.9 邮票书签

制作自己的心愿邮票，寄往梦的方向。

01 准备一张长方形的白色卡纸。

小黑板
长方形卡纸的尺寸可根据自己的喜好决定，建议尽量让它接近真实的邮票比例。

02 用花边剪刀沿着边缘剪出波浪线。如果没有花边剪刀，可以用普通剪刀把边缘剪成波浪状。

小黑板
在使用花边剪刀时，若一刀不能剪完，那么就需要先将剪刀的波浪线与已经剪好的卡纸波浪线弧形对接上，再继续剪裁。

03 画上自己喜欢的图案，并在边角处写上邮票的面值，让它更显真实。

04 用马克笔涂上颜色。

05 加上高光和小圆点丰富画面，完成制作。

谁不是一个期待回信的寄件人呢？

好好听呀

好好吃呀~

第2章

桌面小立牌

你的桌面是什么样的？ 跟我一起动手制作桌面小立牌，给你的桌面增添专属于自己的生活趣味吧！

2.1 坐坐立牌

在桌面养小动物，它们乖乖地坐着，好可爱呀。

01 在白色卡纸上，用勾线笔画出小动物图案，小动物采用坐姿、站姿都可以。还可以给它们画上帽子、项圈等装饰。

02 用马克笔涂上自己喜欢的颜色。

哇，小狗的爪垫好可爱呀。

2cm 左右的长条

03 用剪刀沿着图案的轮廓剪下来，注意在图案的下方留出长度为2cm左右的长条。

04 准备另外一张小卡纸，用美工刀或刻刀在卡纸的中间划出一个口子。

05 把图案下方留出的长条穿过这个口子。

06 把下方的长条向后折，并用胶水将长条与卡纸底面粘贴在一起。

07 将卡纸底面涂满胶水。

得到这样的效果。

08 准备一张与底面大小相同的卡纸，将两张卡纸粘贴在一起，加厚底座。这样不仅能让底座更稳固，还能遮挡长条，让作品更美观和精致哦。

09 将底座修剪出弧度，完成制作。

小动物乖乖坐，陪伴主人工作和学习。

小黑板
底座的大小要能让小动物坐得稳哦。

2.2　弹弹立牌

弹弹弹，弹走你的小烦恼。

01 今天来画溜溜梅和吸吸果冻吧，放在桌面上解解馋。

02 用马克笔涂上颜色。不同颜色代表着不同的口味，具体操作时你可以试着选用不一样的颜色。

03 用剪刀沿着轮廓把图案剪下来，在图案下方预留出长度为1cm左右的长条。

04 用马克笔绘制出与图案同色系的底座。

05 准备两张尺寸为1cm×10cm的长条卡纸。

06 用胶水把两张长条卡纸的顶端粘贴在一起，形成直角。

07 从下面的长条卡纸开始，依次反复往另一根卡纸的方向对折，折成纸弹簧（详情可见视频教程）。

08 把图案下方预留的长条往后折，并用胶水将它与纸弹簧的一端粘贴在一起。

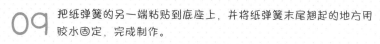

09 把纸弹簧的另一端粘贴到底座上，并将纸弹簧末尾翘起的地方用胶水固定，完成制作。

2.3 摇摇立牌

"摇啊摇，摇到外婆桥。"来做可以摇着玩的立牌吧。

这样能够得到两个一样的圆角月亮形状的卡纸哦。

01 将白色卡纸对折。

02 用铅笔画出一个圆角的月亮形状。

03 用剪刀沿着轮廓把形状剪下来。

1cm左右

04 另外准备卡纸，用勾线笔画出正在运动的动物图案。四周的星星、音符为画面增加了氛围，摇起来会更加生动。

05 用马克笔为图案涂上颜色。将主体保留白色，同时点缀一些彩色，这样会很好看。

06 用剪刀把图案剪裁下来，注意下方要预留出一段长度为1cm左右的粘贴位。

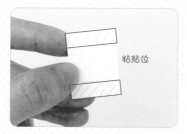

粘贴位

07 在圆角月亮上写好文字，再画上与图案同色系的小圆点，以丰富画面。

08 准备一张长方形的卡纸，并在两端预留出粘贴位。

09 沿着粘贴位的折叠线往下折。

10 用胶水将圆角月亮粘贴到预留的粘贴位上，注意对齐两个圆角月亮的位置，可以摇的底座就完成啦。

11 将图案下方的长条往后折，最后涂上胶水并粘贴到底座上，完成制作。

看啊，它们摇摇晃晃的，很适合发呆的时候随手玩玩呢。

2.4 提示立牌

哼，是时候给你一点小提示了！

01 在白色卡纸上，用铅笔画出提示牌的形状，尽量让形状对称。

02 用剪刀沿着线条剪出提示牌，并用刻刀或美工刀刻出中间的镂空。

03 把提示牌放到另一张白色卡纸上，用铅笔描出轮廓。

04 沿着轮廓将卡纸裁开，得到一样的提示牌。将边角修剪成圆角，会显得更加可爱哦。

05 准备一张宽度比提示牌小一些的长方形卡纸，并在上下边缘处都预留出粘贴位。

06 将卡纸沿着粘贴位的折叠线往后折。

07 用马克笔给提示牌涂上颜色、画上表情、写上标语。

这样，提示立牌的配件就准备好啦！

也可以做成励志标语牌、心情牌等，放在桌面让人感觉元气满满呢。

08 在粘贴位上涂好胶水，并将其与提示牌粘贴组装起来，完成制作。

2.5 按键头立牌

小按键从键盘中跑出来了？方方脸的表情包也太可爱啦。

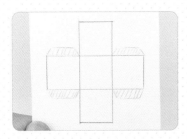

01 在白色卡纸上，用铅笔画出5个相连的正方形，注意预留出粘贴位。

02 用剪刀沿着轮廓线剪裁。

03 沿着有线条一面的折叠线，向内折出痕迹。

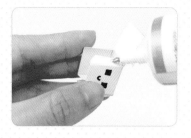

04 翻一面,给小按键画上表情。这里把小按键设定为带有机器感的表情,看起来会更加贴合按键的气质。

05 用美工刀在中间的正方形中央划出一个长条状的口子。

06 将粘贴位涂上胶水。

07 把小按键组装起来。

08 根据整体风格继续完善按键脸部的细节,比如画上一些二次元表情、符号或腮红,这样会更有意思。

09 绘制文字牌。文字牌立柱的宽度需要比按键头上口子的长度小一些。

在插入时,可以倾斜一定的角度,表现出"摇头晃脑"的活泼感。

10 用剪刀沿着边缘剪出文字牌,并把文字牌插进按键头上的口子里,完成制作。

我的按键也太调皮啦。

2.6 留言板立牌

有自己想对自己说的话？那就记录下来吧。

文本框下方要留出比文本框还高一些的空白区域。

01 在白色卡纸上，用勾线笔画出文本框，并写下想要对自己说的话。

02 用马克笔给图案涂上自己喜欢的颜色，然后在文本框边缘描出一圈与图案同色系的颜色。

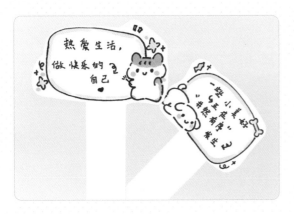

03 用剪刀将文本框剪下来，下方需要留出比文本框还高一些的长条。

04 在长条的底端预留出粘贴位，并将剩下的区域平分为上下两块。

三角形

05 沿着折叠线将长条折成三角形。

06 给预留的粘贴位涂上胶水。

你想对自己说什么呢？

07 最后将粘贴位与留言板的背面粘贴起来，完成制作。

2.7 谐音蔬果立牌

生活就是要多一些诙谐和趣味啊，营造一个轻松愉快的氛围。

01 用马克笔画出蔬果图案，并写上谐音文字。

你能想到什么有趣的谐音呢？

02 先用马克笔填涂蔬果图案，再用高光笔添加细节。

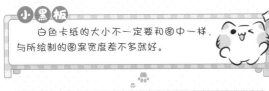

白色卡纸的大小不一定要和图中一样，与所绘制的图案宽度差不多就好。

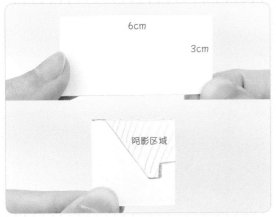

6cm

3cm

阴影区域

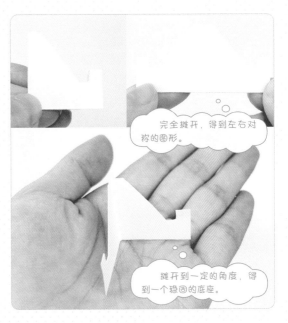

完全摊开，得到左右对称的图形。

摊开到一定的角度，得到一个稳固的底座。

03　准备尺寸为6cm×3cm的白色长方形卡纸，然后将卡纸左右对折，画出如上图案形状。

04　用剪刀将阴影区域剪掉。

好椰

蕉绿

好椰

葱明

莓事

05　把蔬果谐音卡片剪下来，并放进底座的卡槽里面，完成制作。

快想想还有什么好玩的蔬果谐音吧！

2.8 盆栽立牌

嘿嘿，听说桌面与绿植更配哦。

小心！千万别把纸划破哦。

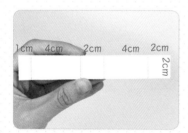

1cm　4cm　2cm　4cm　2cm
2cm

01 在白色卡纸上，先用直尺和铅笔绘制出尺寸图，再用剪刀剪出长条卡纸。

02 先将直尺放在折叠线上，然后用美工刀沿着直尺边缘轻轻划折叠线，方便后面折叠。

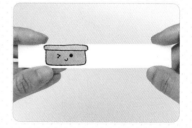

03 翻面，用勾线笔和马克笔画出花盆的图案。

小黑板
可以根据自己的需要，等比例放大或缩小长条卡纸的尺寸，以制作不同大小的盆栽立牌。

04 将纸条沿着折叠线折叠，使其首尾相连。

05 将粘贴位涂上胶水。

得到一个空心的筐筐。

06 把花盆粘贴组装起来。

07 拿出另一张白色卡纸，用勾线笔绘制自己想种的植物。

08 用马克笔为植物涂上颜色，然后用剪刀将植物分别剪下来。

09 在花盆的内壁涂上胶水。

在花盆的前后内壁粘贴绿植，颇有种插花的感觉呢。

10 把植物的枝干粘贴到花盆的内壁上，完成制作。

在桌面上"养"棵绿植，真是令人心旷神怡呀！

2.9 游戏机立牌

哎呀，我的游戏机屏幕有字呀！

01
在长方形的白色卡纸中部留出两个长条形的区域，作为阴影区域和空白区域，然后用勾线笔在其他区域绘制出图案。

02
用马克笔涂色。

03
沿折叠线把卡纸折成Z形。

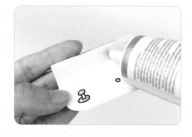

04
在预留的阴影区域涂上胶水。

05
使劲将阴影区域和空白区域捏紧，粘贴牢固。

小黑板

在折叠卡纸时，可以先将直尺放置在折叠线上，再用美工刀轻轻划过折叠线，注意控制好力度，不要划破纸张，以便后期能够快速按照直线的痕迹折叠。

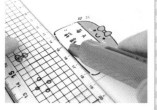

我要开启游戏状态啦！

第**3**章

专属小挂件

一起制作自己的专属小挂件吧！把它们挂在包包、钥匙串、墙面的小挂钩上，都超可爱的！

3.1 祝福挂牌

一起来制作祝福挂牌吧，说不定就灵验了呢？

01 在白色卡纸上，用勾线笔绘制出祝福挂牌的图案，并写上祝福语。

02 用马克笔涂色。在背景的空白区域画上一些条纹或斑点，丰富画面。

03 准备另一张白色卡纸，用马克笔绘制出卡通图案，然后用剪刀将图案剪下来。

04 用剪刀随意剪出一些比卡通图案小一点的卡纸片，纸片大小不必一模一样。

05 在卡通图案的背后涂抹胶水。

06 将小卡纸片一层一层地粘贴到卡通图案的背后，增加图案的立体感。

07 把卡通图案粘贴到祝福挂牌上。

这样，祝福挂牌的层次感就表现出来啦。

08 在祝福挂牌的顶端用尖尖的工具（如圆规、尖头剪刀、尖头镊子等）钻孔。

09 把丝带或链条穿进挂牌的圆孔中，完成制作。

祝大家好运连连！

3.2 纸质"咕卡"

谁说"咕卡"一定要用塑料片？纸质咕卡也很好看！

01 准备正方形的白色卡纸，可以将边角修剪成圆角，防止割手和翘边。

小黑板
使用圆角器修剪边角，能够快速得到形状一致的圆角哦。若没有圆角器，用剪刀耐心修剪也可以达到同样的效果。

02 用打孔器给卡纸的一角打孔。

小黑板
借助打孔器打孔会比较便捷，如果没有打孔器，也可以用尖头剪刀等尖锐的工具戳一个小圆洞。

03 拿出另一张白色卡纸，绘制出"咕卡"用的贴纸图案。图案最好有一个主题，并有大小变化。

04 用马克笔为图案涂上颜色，注意颜色之间的呼应与协调。

05 用剪刀将图案剪下来，注意边缘留白的宽度要尽量保持一致。

06 可以在较大的图案背后多粘贴几层小纸片，以制作出立体的贴纸，较小的图案就不用这样操作啦。

小黑板 🐾

在配色时，画面的主色应该不超过3种，并且每种颜色都应该出现2次以上。

07 用胶水把贴纸都粘贴到"咕卡"纸片上，然后系上小绳子，完成制作。

"咕卡"的快乐这不就来了吗？

3.3 晚安睡袋

看着它们在甜甜的梦乡里，我的心情也随之慵懒起来。

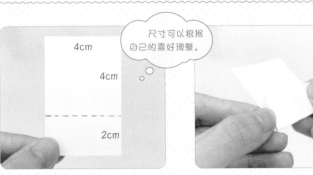

尺寸可以根据自己的喜好调整。

01 准备一张白色卡纸，并用铅笔绘制出尺寸图。

02 沿着折叠线将下方区域往上折。

03 在下方区域两侧的边缘处涂上胶水。

04 粘贴两侧，并用勾线笔和马克笔绘制出睡袋的图案。

05 用剪刀沿着枕头边缘修剪。

长条太大会让小动物睡不进去睡袋，太小则会让小动物闷在被子里面哦！

06 拿出另一张白色卡纸，用勾线笔绘制出熟睡的小动物图案，可以设计睡帽、眼罩等元素来表现睡觉状态。然后在下方留出一段距离，大小要与睡袋契合。

07 用马克笔涂色，并用剪刀沿着轮廓将小动物的图案剪下来。

08 将小动物放入睡袋。

09 在枕头的边角处钻上小孔，然后绑上丝带或链条。

10 为了防止挂件晃动时小动物掉出来，可以使用胶水将动物固定在被子里面，完成制作。

3.4 幸运挂牌

好运，当然要随身携带啦。

挂绳的圆形要比打孔器的孔径
大一些。

01 在白色卡纸上，用勾线笔绘制出重叠的小动物图案。头顶可预留出一个圆形用来穿挂绳。

02 用马克笔涂色。整体颜色不需要特别丰富，可以加入一点红色作为点缀，与下层的红色字牌相呼应。

03 用剪刀将图案剪下来，并在头顶的圆形位置打孔。

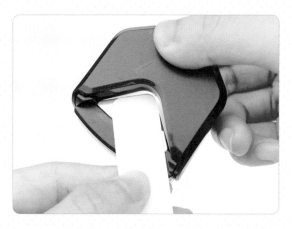

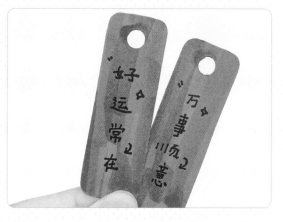

04 拿出另一张长方形的白色卡纸，并将边角修剪成圆角。

05 用马克笔将卡纸涂满红色，再写上幸运的祝福语，然后在顶端打孔。

06 用丝带或链条将祝福的字条与小动物图案穿在一起，完成制作。

专属小幸运，时刻陪伴你。

3.5 迷你门牌

关上房门不想被打扰？来制作迷你门牌作为门外提示吧！

01 在白色卡纸上用勾线笔绘制出图案，这里展示与木门搭配的田园主题。注意在门牌两侧留出两个圆形作为挂绳的区域。

02 用马克笔为图案涂色。底色不要使用太深的颜色，避免看不清上方的文字。

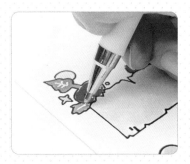

03 用高光笔添加细节。

04 用勾线笔写上文字。

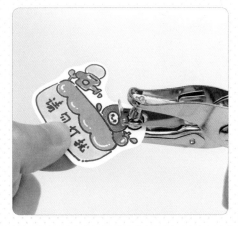

05 在预留的圆形位置用打孔器打孔。

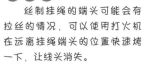

06 绑上挂绳，完成制作。

挂在门口的挂钩或门把手上，也太可爱啦！

3.6 口袋挂件

可以替换内芯的口袋挂件，作为提示牌、照片卡都很不错哦。

O1 在白色卡纸上，用勾线笔和铅笔绘制出口袋牌的图案，在上方预留出挂绳区域，在中间预留出镂空区域。

O2 用马克笔为图案涂色，并在口袋牌的周围预留出粘贴位。

O3 用剪刀将图案剪下来，再用刻刀或美工刀刻出中间的镂空区域。

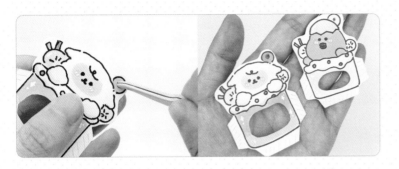

04 用尖锐的工具穿出一个挂绳用的孔洞。

得到这样的效果。

05 沿着折叠线将粘贴位往后折。

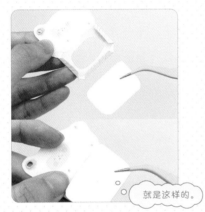

就是这样的。

06 在粘贴位涂上胶水，准备一张大小合适的卡纸，将卡纸牢固粘贴在粘贴位上，作为背板。

07 用剪刀剪出一些大小合适的照片，或者在卡纸上写上文字，将其作为内芯。

08 穿上链子，把内芯放到口袋牌里，完成制作。

你的"内芯"，由你来决定！

3.7 迷你本子

自制立体小本子挂件，不仅可以随身携带，还可以在上面写字哦。

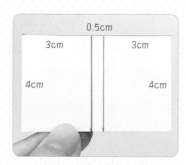

01 准备一张白色卡纸，并用铅笔画出小本子的封面尺寸图。

02 沿着折叠线折叠。

03 用勾线笔给小本子的封面画上表情。

04 用马克笔为小本子的封面涂上颜色，一只只活泼可爱的小动物就表现出来啦。

05 在封面中间的缝隙位置涂上胶水，并粘贴丝带。

06 利用裁纸器裁出相同大小的纸张作为内页。

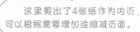 这里剪出了4张纸作为内页，可以根据需要增加或缩减页面。

 可以翻页的内页就完成啦。

07 将每张内页中带有花纹的一面向内对折。

08 在每张内页的背面涂上胶水。

09 将每张内页"背靠背"地粘贴在一起，注意对齐边角。

10 在内页的最外侧涂上胶水。

11 将内页与小本子的封面粘贴在一起，完成制作。

写上小秘密，随身携带吧。

3.8 姓名挂牌

嗨，你叫什么名字？

01 在白色卡纸上，用圆规画出圆形。

02 在圆形中绘制自己的Q版头像。可以将发型作为个人的重点特征进行表现，并写上自己的名字、座位号等。

03 用马克笔涂上颜色，再用剪刀将图案剪下来作为圆牌。

04 在圆牌背后用胶水粘贴一条挂带。

嗨——快来制作你的专属姓名牌吧！

05 剪出与圆牌大小相同的纸张粘贴在圆牌背后，遮挡住粘贴位置，完成制作。

第4章
自制收纳盒

桌面有点乱？ 小物件没地方收纳？ 快来自制收纳盒，给小物件安个家吧！

4.1 斜口收纳筐

筐子里的东西可以侧靠着筐壁，方便查找。

5cm	5cm	5cm
5cm		5cm
7cm		7cm
3cm	5cm	3cm

5cm	5cm	5cm
5cm		5cm
7cm		7cm
3cm	5cm	3cm

01 用尺子和铅笔在彩色卡纸上标记好刻度位置，并用铅笔将对应的刻度标记连接起来。

小黑板

按照这个比例，可以将每个刻度同时增加或减少同一个数值，比如每条边都增加1cm、增加3cm，或者减少2cm等，这样可以做出不同尺寸的盒子哦。

02 继续完善尺寸图，将粘贴位绘制成梯形能够更方便后续的粘贴操作，粘贴位的宽度保留1cm左右即可。

03 用剪刀根据尺寸图剪出图纸。

04 将每条折叠线都折叠一下，可以用手指或卡片刮一下边缘，让折痕更加清晰。

05 用橡皮擦掉图纸的铅笔痕迹，并折起粘贴位。

06 折起左右侧边。

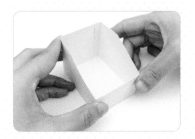

07 折起前后侧边。

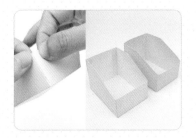

08 在粘贴位涂上胶水，并将粘贴位与相邻的面粘贴牢固。

斜口收纳筐的大体样子就搞定啦！再做一个其他颜色的吧！

09 准备白色卡纸，并用勾线笔和马克笔绘制标签贴。标签贴不仅可以装饰收纳筐，还可以给存放的物品做标注，方便管理、收纳和查找物品。

10 准备白色卡纸，用勾线笔和马克笔画出一些贴纸小图案，并用剪刀将它们剪下来。

11 用胶水把标签和小图案粘贴到收纳筐上，完成制作。

用美观又实用的斜口收纳筐收纳你的小物件吧！

4.2 分类提篮

横放或背对组合的提篮，还可以分类收纳物品哦。

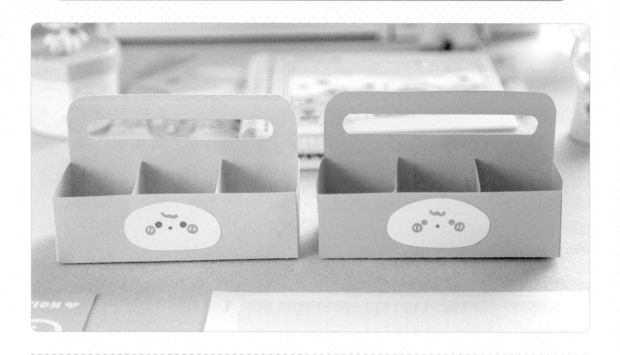

01 在彩色卡纸上，用尺子和铅笔绘制出尺寸图，虚线是为了标记尺寸而特别绘制的哦。

02 用剪刀沿着实线剪出图纸。提篮把手的位置可以用美工刀或刻刀刻出镂空。

03 将每条折叠线都折出折痕，并用橡皮擦掉铅笔的痕迹，之后折起粘贴位。

04 折起左右侧边。

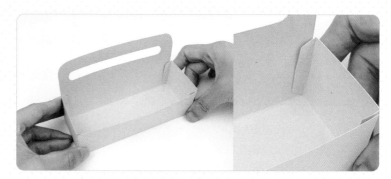

05 折起前后侧边。再给粘贴位涂上胶水，把相邻的侧边都粘贴起来。

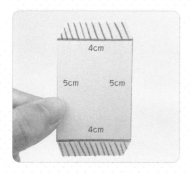

06 准备另一张同色卡纸，绘制出隔板的尺寸图，并将它剪裁下来。

07 将隔板的两侧粘贴位向相反方向折叠。

08 用橡皮擦掉铅笔痕迹。给粘贴位涂上胶水，并将隔板粘贴到盒子内部，完成制作。

在盒子粘贴上小脸蛋装饰一下，会更可爱哦。

4.3 拉手抽屉

说到收纳盒，怎么能少得了抽屉款式呢？

01 在白色卡纸上，用尺子和铅笔绘制出尺寸图，记得要预留出粘贴位。

02 用剪刀将尺寸图剪下来。

03 翻转卡纸，用马克笔在上方把手的位置涂色，并用高光笔点出小圆点装饰。

04 将每条折叠线都折出折痕，并用橡皮擦掉铅笔的痕迹，之后折起粘贴位。

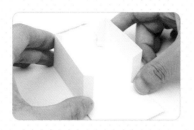

05 折起左右侧边。

06 折起前后侧边，并用胶水将相邻的面粘贴牢固。

07 将把手往下折，抽屉拉篮完成。

3.2cm

3.7cm   3.7cm

5.2cm   5.2cm

3.7cm   3.7cm

5.2cm   5.2cm

5.2cm

08 准备彩色卡纸，并用铅笔绘制出抽屉外壳的尺寸图。

09 沿着尺寸线折叠。

10 将粘贴位涂上胶水，并把尺寸图首尾相连地粘贴起来。

11 准备白色卡纸，并用勾线笔和马克笔绘制出装饰的小贴纸图案。

12 将小贴纸图案剪下并粘贴到抽屉正面，完成制作。

可以抽拉的拉手抽屉收纳盒，既带有一定储物隐私性，又能够防尘哦。

4.4 缺口抽屉

听说现在流行隐形拉手？好的，我可以！

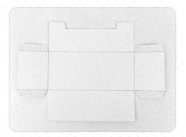

3.5cm	2cm	6cm	2cm	3.5cm
3.5cm				3.5cm
5cm				5cm
3.5cm		10cm		3.5cm
3.5cm				3.5cm

01 在白色卡纸上，用尺子和铅笔绘制出尺寸图，注意预留出粘贴位。

02 用剪刀将尺寸图剪下来。

03 折起粘贴位。

04 折起左右侧边。

05 折起前后侧边。

06 擦掉铅笔的痕迹，将粘贴位涂上胶水，与相邻的侧边粘贴在一起。最后用马克笔给抽屉的内盒画上小动物的表情，装饰一下。

07 准备彩色卡纸，绘制出抽屉外壳的尺寸图。

08 沿着折叠线折叠，并给粘贴位涂上胶水，将外壳尺寸图首尾相连地粘贴起来。

09 把抽屉的内盒放进抽屉的外壳里。

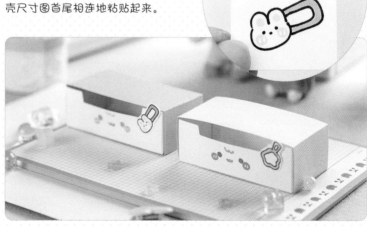

10 在白色卡纸上绘制一些发夹图案，剪下并粘贴到抽屉正面，完成制作。

给小动物脑袋"戴"上发夹，是不是让收纳盒变得更可爱了呢？

4.5 冰块盒子

既可以作为装饰物，又可以收纳物品的小冰块，谁能不爱呀？

01 在白色卡纸上，用尺子和铅笔绘制出尺寸图，记得预留出粘贴位。

02 用剪刀将尺寸图剪下来。

03 在下方的横线处用美工刀划出一个口子。

04 将每条折叠线都折出折痕，并用橡皮擦掉铅笔的痕迹，之后折起粘贴位。

05 折起盒子左右侧边。

06 折起盒子前后侧边。然后给粘贴位涂上胶水，将盒子粘贴组装起来。

盖子上的"条条"可以塞进横线口子，以固定开合状态哦！

07 将盖子折下来。

08 用浅蓝色的马克笔给冰块的每个面涂色，注意将四周留一圈白色。

09 用深蓝色的马克笔描出冰块的边缘。

10 用高光笔画出冰块的反光。

11 用勾线笔和马克笔给冰块画上表情，完成制作。

方方的冰块盒，好可爱呀。

4.6 圆筒收纳盒

方形收纳盒见多了，圆筒收纳盒也要安排上。

01
在彩色卡纸上，用圆规绘制出两个同心圆。收纳盒大小为内部的小圆形尺寸，外部大圆环则是粘贴位，根据自己的需要设定大小即可。

02
用剪刀将同心圆剪下来，并将圆环的粘贴位剪成锯齿状。

03
把锯齿折起来。

04 准备相同颜色的长条卡纸，长度要大于圆形的周长，多余的部分可以作为圆筒侧边的粘贴位。

05 在锯齿的外侧涂上胶水。

06 把长条卡纸沿着锯齿围一圈，用胶水把它们粘贴在一起。

一个圆筒就搞定啦。

07 给长条卡纸的粘贴位涂上胶水，再把它首尾相连地粘贴起来。

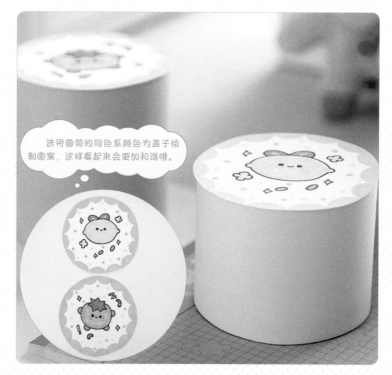

选用圆筒的同色系颜色为盖子绘制图案，这样看起来会更加和谐哦。

08 剪出比圆筒底面更大一些的圆形卡纸作为盖子，并用勾线笔和马克笔绘制图案，完成制作。

盖子盖住圆筒收纳盒啦，容量也是"杠杠的"！

4.7 纸质笔筒

这么多小物件都收纳好了，那桌面上的笔也要收纳起来才对呀。

7cm		高度	1cm
7cm		13cm	7cm
7cm			7cm
7cm			7cm
7cm			7cm
1.7cm	7cm	13cm	1.7cm

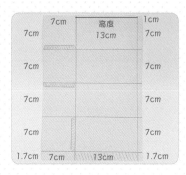

01 在彩色卡纸上，用尺子和铅笔绘制出尺寸图，可以根据存放笔的长度修改高度的数值。

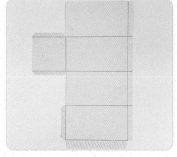
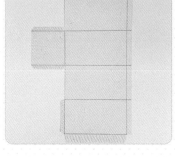

02 用剪刀将尺寸图剪下来。

03 将侧边长条折到后面去，可以加固收纳盒哦。

04 将折叠线折出痕迹后用橡皮擦除，然后把粘贴位折起来。

07 绘制装饰卡片，再用胶水将其粘贴到笔筒上，完成制作。

05 把侧面折起来。

06 折好侧面首尾相连处，并给粘贴位涂上胶水，组装好笔筒。

大容量的笔筒就完成啦，"高度"任你定制哦！

第5章
自制收纳袋

你是不是有些小纸张、小卡片没有合适的地方收纳呢？一起来制作各式各样的收纳袋，把它们装起来吧。

5.1 抱抱口袋

一个小口袋，探出一个小脑袋。

用粗轮廓的勾线笔绘制，这样即使不涂色也很好看。

01 在白色卡纸上，根据需要制作的口袋大小直接用马克笔画出"抱抱"动作的动物图案。

02 在图案下方留出半圆形，并与图案一起剪下来。

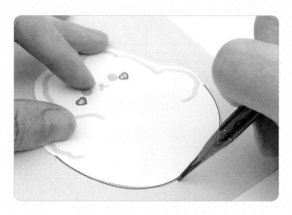

03 把剪下来的口袋背板垫在另一张彩色卡纸上，然后描出下方半圆形的轮廓。

04 用剪刀剪出与口袋背板一样大的口袋正面。

05 给口袋下方的半圆形边缘涂上胶水。

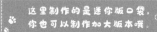

06 把口袋正面粘贴上去。

07 可以用彩色勾线笔画出装饰线，还可以制作小蝴蝶结图案装饰到口袋上，完成制作。

5.2 分类口袋

想要可以分类收纳的口袋吗？那就多做几个袋子组合在一起吧。

01 将白色卡纸剪出长方形，作为分类口袋。卡纸大小任意，但需要为3条边预留出一样宽的粘贴位。

02 修剪分类口袋，并把粘贴位剪成梯形以方便粘贴。

03 把粘贴位往内折。

04 给粘贴位涂上胶水。

05 准备比分类口袋宽一些的彩色背板，注意高度要足够粘贴下所有分类口袋哦。

06 把分类口袋粘贴到彩色背板上。

小黑板

笔者做了两个分类口袋，你也可以制作更多的分类口袋。

07 准备两张重叠在一起的卡纸，并画出一只耳朵的形状。

08 用剪刀沿着耳朵的轮廓一起将两张卡纸剪下来，就可以得到两只对称的耳朵啦。

09 给口袋画上小脸、贴上耳朵，并用勾线笔装饰背板的边缘，完成制作。

口袋数量、口袋大小、口袋图案等，都可以根据自己的需求自行设定哦。

5.3 迷你文件袋

想秘密地收纳一些小纸张吗？那就试试迷你文件袋吧！

01 在白色卡纸上，用铅笔绘制出尺寸图，注意预留出粘贴位。

02 用剪刀将尺寸图剪下来。

03 折起粘贴位。

04 将前板沿折叠线往上折。

05 给粘贴位涂上胶水，将前后板粘贴在一起。

06 把盖子往下折。

07 准备一张彩色长条卡纸，长度要超过文件袋的宽度。

08 把彩色长条卡纸的两端往文件袋的背后折。

09 给文件袋背后的彩色长条卡纸涂上胶水，与文件袋粘贴在一起。

10 用勾线笔给文件袋画上装饰图案，这样会更好看哦。

11 用马克笔给图案涂上自己喜欢的颜色，完成制作。

5.4 卡片收纳袋

做个收纳袋，收纳你的小卡片。

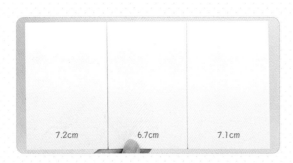

01 将长方形的白色卡纸分为宽度不等的3份，高度任意。参考这个比例，你可以修改成自己想要的尺寸图哦。

02 沿折叠线折出折痕。翻面，用勾线笔在最左侧的区域画出一个向一侧探出脑袋的小动物图案。

03 用马克笔为图案涂上自己喜欢的颜色，并用高光笔增加画面细节。

04 翻面，用剪刀把左侧顶端修剪为弧形，右侧则沿着图案边缘修剪。剪好以后，给图案侧边与图纸下方的边缘位置涂上胶水。

05 先把左侧卡纸向内折。

06 再把右侧卡纸向内折，卡片收纳袋就粘贴组装好啦。

07 放入收纳物，完成制作。收纳袋有两层的容量，很实用哦。

🐾 用实用且便携的收纳袋装上你的小卡片吧！

5.5 糖果罐口袋

能装进糖果罐的东西，都是甜甜的吧。

01 在白色卡纸上，用勾线笔绘制出糖果罐的图案，大小任意。

02 留出中间的圆圈区域，其他位置用马克笔涂色，并用剪刀剪下来。

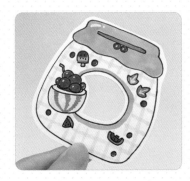

03 用刻刀或美工刀刻出中间的镂空。

04 翻面，给镂空处的周围涂上一圈胶水。

05 剪一块普通的塑料纸，也可以废物利用包装袋。

06 把塑料纸粘贴到镂空处，模拟玻璃罐的透明效果。

07 给糖果袋的这3条边涂上一圈胶水。

08 粘贴到另一张卡纸上。

09 沿着糖果罐的边缘把背后的卡纸修剪下来，完成制作。

像糖果罐一样的口袋，存放在里面的纸张仿佛都沾上水果味呢。

5.6 带盖收纳袋

怕收纳袋里面的东西掉出来？那就给它做个盖子吧！

6.8cm

7cm

6cm

01 在彩色卡纸上，用铅笔绘制出尺寸图，盖子的圆弧要大一些。

02 用剪刀将图纸的尺寸图剪下来。

03 给最下方长方形两侧的边缘涂上胶水。

盖子往下折，会翘起来怎么办？

直接剪下卡纸的一个角就可以啦。

04 沿着折叠线往上折，并粘贴牢固。

05 剪出一个直角三角形。

06 给直角边缘涂上胶水。

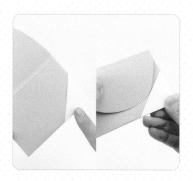

07 粘贴到口袋正面的右下角。

08 剪出耳朵形状的卡纸，粘贴到盖子上。

09 画上小脸蛋，完成制作。

5.7 信封收纳袋

它不仅是一个信封，还是一个收纳袋哦。

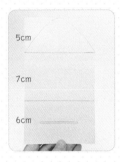

01 在彩色卡纸上，用铅笔绘制出尺寸图，注意卡槽的位置要居中哦。

02 用剪刀将尺寸图剪下来，并用刻刀或美工刀刻出卡槽。

03 在最下方长方形两侧的边缘涂上胶水，再沿折叠线粘贴牢固。

04 把盖子往下折，并塞进卡槽里固定。

05 准备白色卡纸，用马克笔画出贴纸的图案。

小黑板
同一组图案可以使用固定的几种颜色，这样粘贴出来的整体效果才会更加和谐。

06 剪下图案，并粘贴到信封的表面作为装饰，完成制作。

收纳袋既可以收纳物品，又可以当信封使用哦。

第❻章

格子纸小手工

制作手工时一看到尺寸图,就觉得好难、好麻烦? 😣 不想量尺寸,不想画垂直线!抓狂! 别担心,试试利用格子纸来绘制尺寸图吧! 😊 数一数格子,描一描线条,你就能快速做出同款可爱的小手工啦!

6.1 迷你小狗狗

可爱的小狗狗让你心动了吗？拿出一页格子纸，快来试试吧！

01 先用铅笔标记出小狗图案占用的格子，然后用勾线笔沿着格子轮廓描出尺寸图。

02 用马克笔为小狗上色。

03 用剪刀贴着边缘将图案剪下来。

04 沿绿色线剪开。

05 沿交界线折叠。

06 给粘贴位涂上胶水。

小黑板
胶水只需薄薄地均匀涂一层，不必涂得太多，否则会溢出来。

07 将两侧的粘贴位与身体的侧面粘贴起来，小狗的身体就完成啦。

08 在脖子处涂上胶水。

09 将脑袋和身体粘贴在一起，完成制作。

可爱的小狗狗来啦！汪汪汪！用同样的方法，你还可以制作出小猪、小猫、小松鼠等小动物喔，快试试吧！

6.2 谐音鸭

鸭鸭鸭，呀呀呀？想到好多"谐音鸭"？那就快动手做出来吧！

描边的线条不必追求笔直，歪歪扭扭的反而更有手绘感。

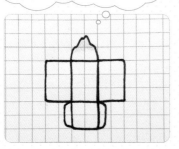

01 数格子，用勾线笔描出鸭子身体的尺寸图，用马克笔给鸭子涂色。

02 拿出另一张格子纸。开动你的脑筋，画出不同的"谐音鸭"吧。

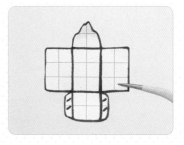

03 用剪刀把画好的图案都剪下来。

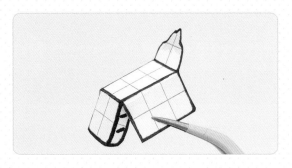

04 沿着折叠线把身体折起来。

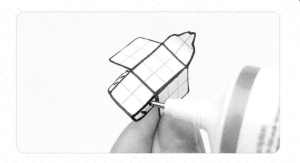

05 给粘贴位涂上胶水。

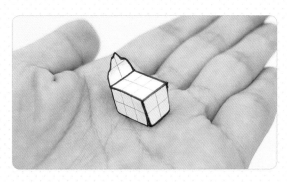

06 把身体粘贴组装起来。

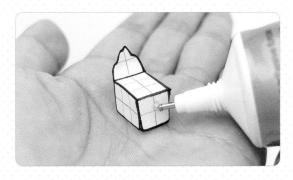

07 在身体的前方涂上胶水。

08 把"谐音鸭"图案与身体粘贴在一起，完成制作。

快看啊，这些鸭子"嘎嘎"好玩。你还想到什么"鸭"了？

6.3 爬爬动物

格子小动物也太可爱了，要是能够爬行起来就更完美啦。

你还想到什么动物会爬行呢？

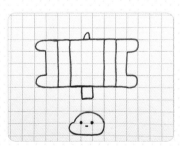

01 数格子，用勾线笔绘制出爬行状态的小动物。

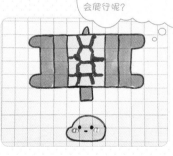

02 用马克笔涂色。

03 用剪刀把尺寸图剪下来，并将身体中间的两条折叠线往下折。

04　把腿往外折。

05　把脖子和尾巴往上折。

06　给脖子涂上胶水。

07　把脑袋粘贴到脖子上，完成制作。

爬行中的小动物，是不是很生动形象呢？
快把它们拉出来遛遛吧！

6.4 方块动物

谁说小动物不能是方块状？这超可爱的！

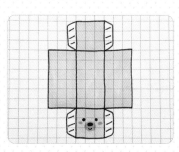

01 数格子，用勾线笔绘制出
小动物的尺寸图，并用马
克笔上色。

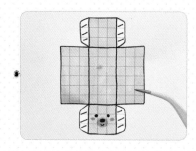

02 用剪刀将尺寸图剪下来。

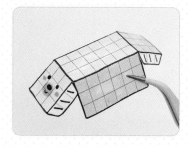

03 沿着折叠线折叠。

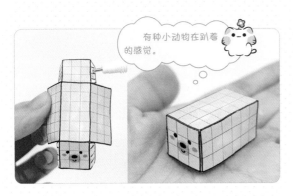

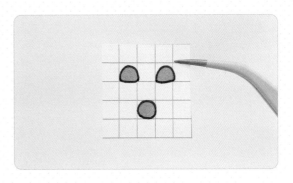

04 给粘贴位涂上胶水，并把小动物粘贴组装起来。

05 绘制小动物的耳朵和尾巴。

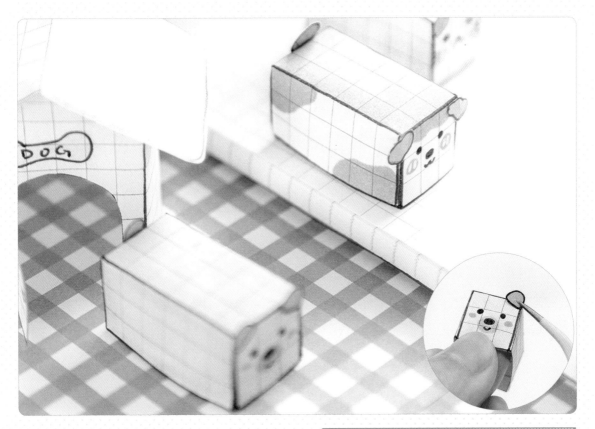

06 用剪刀将耳朵和尾巴剪下来，再用胶水粘贴到方块上，完成制作。

6.5 方块蔬果

动物养了，植物也要"养"起来呀，快来种点蔬果吧。

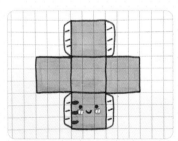

01 数格子，用勾线笔绘制出蔬果的尺寸图。然后用马克笔上色，可以通过颜色、肌理等体现出蔬果的特征。

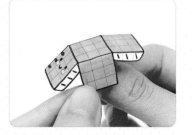

02 用剪刀将尺寸图剪下来，并沿折叠线折叠。

03 在粘贴位涂上胶水，把蔬果块粘贴组装起来。

04 绘制出蔬果的小叶子，注意给底部预留出粘贴位，再用剪刀把它剪下来。

05 将粘贴位往后折。

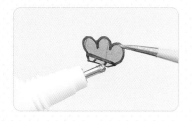

06 给粘贴位涂上胶水。

07 将小叶子粘贴到蔬果块上，完成制作。

嘿，丰收啦。我就是蔬果种植小能手！

6.6 萝卜地

蔬果有了，要不要再模拟种植一块农田呢？

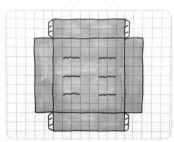

01 数格子，用勾线笔绘制出农田的尺寸图，可以用波浪线表示中间的土堆。然后用马克笔为农田涂上颜色。

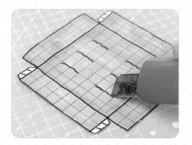

02 用剪刀将尺寸图剪下来。然后在波浪线后面一点的位置，用美工刀沿红色线划出口子。

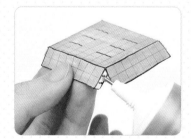

03 沿折叠线折叠尺寸图，并给粘贴位涂上胶水。

注意宽度要比农田中的波浪线重小哦。

04 把农田粘贴组装起来。

05 绘制小萝卜，用剪刀将小萝卜剪下来。

06 把小萝卜塞进波浪线后面的口子中，完成制作。

农田大丰收啦，下次种点什么好呢？

6.7 便当盒

咕咕咕，格子小动物肚子饿了怎么办？来给它们制作爱心便当吧！

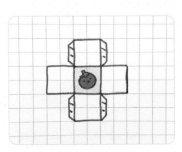

01 数格子，先用勾线笔画出食物的尺寸图，再用马克笔绘制食物的图案。

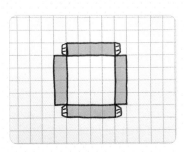

02 画出食盒的尺寸图，并用马克笔上色。

03 用剪刀将食物剪下来，然后沿折叠线折叠。

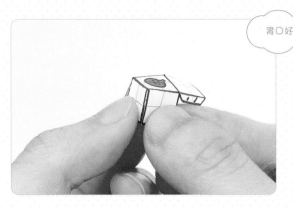

04 给粘贴位涂上胶水，把食物粘贴组装好。

05 画出各种各样的美食。

06 用同样方法把食盒粘贴组装好，再把食物塞进食盒里，完成制作。

🐾 打包便当啦，快叫小动物来吃好吃的便当呀！

6·8 迷你纸巾盒

用格子纸制作趣味生活用品，是不是也很有意思呢？做一个迷你纸巾盒吧。

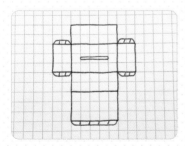

01 数格子，用勾线笔绘制出迷你纸巾盒的尺寸图。

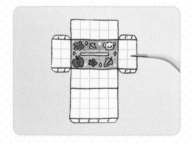

02 先用马克笔装饰纸巾盒，再用剪刀把尺寸图剪下来，之后用美工刀将纸巾抽口刻出镂空。

03 沿着折叠线折叠纸巾盒，并给粘贴位涂上胶水。然后，把纸巾盒的侧面粘贴组装起来。

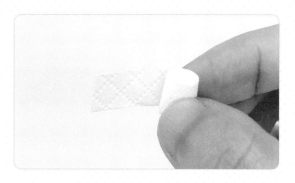

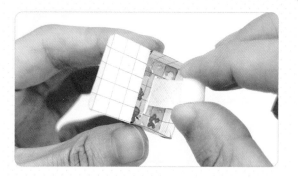

04 将纸巾剪成长条并卷起来，制作成迷你卷纸。

05 把卷纸放到纸巾盒里，并从纸巾盒的抽口处拉出一段。

06 合起纸巾盒，完成制作。

真的可以从迷你纸巾盒里抽出纸巾！用完还能打开纸巾盒，替换新的纸巾呢。

6.9 蛋糕盒

做个可以打开的迷你蛋糕盒，在里面藏点小秘密吧。

要特别注意图案的方向，不然组装好的蛋糕盒图案可能是反的哦。

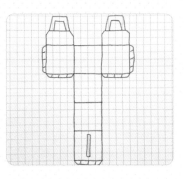

01 数格子，用勾线笔绘制出蛋糕盒的尺寸图。

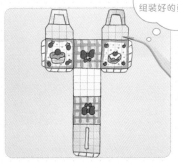

02 用剪刀将尺寸图剪下来，用美工刀刻出镂空，并用马克笔给蛋糕盒画上装饰图案。

03 沿着折叠线折叠蛋糕盒。

06 把顶盖往下折，露出提手，完成制作。

亲爱的顾客，您的蛋糕打包好啦，请取餐。

04 给粘贴位涂上胶水，把蛋糕盒粘贴组装起来。

05 可以在盒子里面放置一些小物件，然后把两侧的盖子往内合。

第7章

趣味小物

快来制作一些趣味小手工，让生活更有趣吧。

摆在桌面上的小花盆，让整个空间都变得更生机勃勃呢！

尽量卷得紧实一些。

01 用裁纸器或剪刀剪出一宽一窄的白色长条卡纸，注意将边缘修剪得直一些。

02 先将宽长条卡纸卷起来。

03 在卷好的宽长条卡纸末端涂上胶水。

04 粘贴固定纸卷。

05 把细长条卡纸的一端用胶水粘贴到纸卷上。

06 将细长条卡纸绕着纸卷继续卷。

07 把细长条卡纸的末尾用胶水粘贴固定，花盆的雏形就完成啦。

08 用马克笔给花盆涂上颜色，也可以用勾线笔画出一些可爱的表情图案。

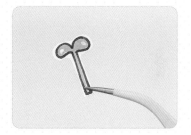

09 绘制小花苗。小花苗的根部要细一些，这样才能"种"到花盆里。

10 将小花苗的根部插进纸卷中间的缝隙中，完成制作。

01 在白色卡纸上绘制出肚子圆鼓鼓的卡通图案, 并用刻刀或美工刀将肚子中间刻出镂空。

今天又是变废为宝的一天呢。

02 从废弃的透明包装盒上剪下一块塑料片。

03 在塑料片边缘位置涂上胶水, 并粘贴到图案的背后。

04 准备一张长条卡纸，两侧各预留出1cm宽的粘贴位。

05 将粘贴位折起来。

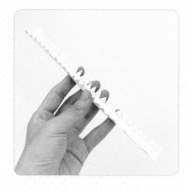

06 把粘贴位剪成锯齿状。注意将锯齿剪得细密一些，这样方便绕圈。

07 把纸条环绕成圈，匹配图案的大小，然后用剪刀剪掉多余部分。

08 在粘贴位涂上胶水，将其粘贴到图案的背后。

09 在卡纸上描出圆环的轮廓，并用剪刀沿轮廓线剪下来，得到摇摇乐的底板。

10 在摇摇乐的内部放一些珠子，或者其他摇晃起来有声音的小物件。

11 给粘贴位涂上胶水，与底板粘贴牢固，完成制作。

🐾 叮叮当叮叮当，透明摇摇动起来！

从沙漏里洒落的沙子，是时间，也是浪漫。

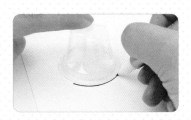

01 把果冻壳开口朝下并放在卡纸上，用勾线笔沿壳口边缘描出轮廓。

02 绘制2个壳口轮廓，再用勾线笔画上装饰图案。

03 用马克笔涂上颜色，再用花纹丰富背景。

需要准备两个大小一致的果冻壳，
钻孔的位置和大小也要差不多哦。

小黑板

在使用热熔枪时，要小心防烫，
并且需要在胶体冷却变硬之前黏合
物品哦。

04 在果冻壳的底部钻出小孔，操作的时候一定要小心，注意安全。

05 在圆孔的周围涂上热熔胶。

06 趁热熔胶还没干，快速将两个果冻壳背靠背地粘贴在一起。

07 先给一个果冻壳的壳口涂上热熔胶，注意要仔细涂满一整圈，以防止漏沙。

08 粘贴上圆形的盖子。

09 在另一端的果冻壳中倒入沙子，能装满一个果冻壳即可。

小黑板

沙子可以选择砂质细腻、洁白的石英砂。

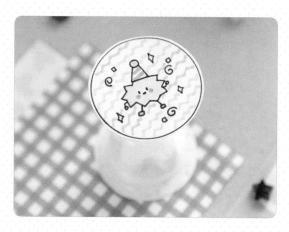

10 将这一端的壳口也粘贴上盖子，完成制作。

7.4 表情手环

可以变换表情的动物手环，是自己心情的晴雨表呀。

01 在白色卡纸上，用马克笔绘制出小动物的脑袋，建议将小脸蛋画得宽一些。

02 用小刀在小脸蛋两侧分别划出一道口子。

注意不要离边缘太近，否则后期容易断裂。

03 准备一张白色长条卡纸，长度需要比自己手腕的围度重大一些，宽度需要比动物小脸蛋上的口子重小一些。然后在长条卡纸的两端标记出方向相反的垂直线，长度约为卡纸宽度的一半。

04 用剪刀将这两条标记线剪开。

05 将长条卡纸从图案的后面往前面穿过一个口子。

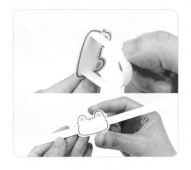

06 将长条卡纸的另一端从前往后穿过另一个口子。

07 用马克笔在长条卡纸上画出各种表情。拉动卡纸,在保持一定间隔的情况下将表情图案排满。

08 拉动小动物的脑袋,就能变换各种表情啦。

09 将两个口子相对卡在一起,固定住手环,完成制作。

你现在是什么心情呢? 亮出你的小表情吧。

7.5 拉丝美食

拉丝的美食看起来很好吃，玩起来也很有趣哦。

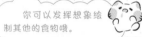
你可以发挥想象绘制其他的食物哦。

01 在白色卡纸上，用勾线笔画出会拉丝的食物图案。

02 用马克笔涂上颜色。通过表现面包的焦边、披萨的配菜等细节，增加食物的生动感。

03 用剪刀将图案剪下来，并将图案剪为上下两个部分。

04 把图案翻过来，在切口下方涂上胶水。注意只需给两端各涂上一点就好，不用太多。

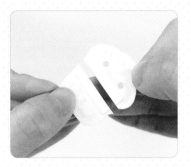

05 粘贴上大小合适的纸条，得到中空的卡扣。

06 用马克笔绘制出拉丝小纸条，用剪刀剪下来。

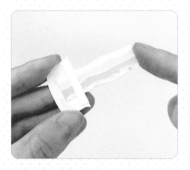

07 将拉丝小纸条穿过卡扣。

08 把拉丝小纸条的一端向卡扣方向折起。

09 另一端也做同样的操作，完成制作。

准备，拉——可以开合的拉丝美食，一起玩起来吧！

7.6 零食掰掰乐

有趣又解压的掰掰乐，咔嚓咔嚓。

01 在白色卡纸上，用勾线笔绘制出零食图案，尺寸要比发夹大一倍以上。

02 用马克笔涂上颜色。在包装袋上画出一些高光和阴影，会显得更有质感哦。

03 在图案下方垫上一张白色卡纸。

04 将两张卡纸均沿着图案的轮廓剪下来。

得到大小一致的零食图案正反面。

05 沿底板轮廓涂一圈胶水。

06 在中间放置一个发夹，发夹要比图案小一些。

07 把正面盖到底板上粘贴好。

08 用冷裱膜或透明胶带为掰掰乐的正反面覆膜，使其耐脏且牢固，完成制作。

翔过来翔过去，咔嚓咔嚓咔嚓咔嚓……

7.7 小狗换装头套

说到趣味手工，怎么能少得了换装游戏呢？一起来给小狗换装吧！

01 在白色卡纸上，用勾线笔和马克笔绘制出小狗。

小黑板

将小狗设定为1:1的头身比会更加可爱哦。

02 在卡纸表面粘贴一层透明胶带或冷裱膜，然后用剪刀把图案剪下来。

03 绘制小狗头套。注意规划好头套的大小，头套要大于头部，并在头套中间预留出可以露出小狗五官的镂空图形。

04 在头套表面粘贴一层透明胶带或冷裱膜，再用剪刀将其剪下来。

05 用刻刀或美工刀将中间预留的椭圆区域刻出镂空。

06 在头套背后涂上点点胶。

先为小狗脸蛋封层，再粘贴头套，这样即使要撕下头套也不用担心会弄破脸蛋。

07 给小狗粘贴上头套，完成制作。

小黑板

点点胶是一种将纸张粘贴好后，还能够将其撕下再反复粘贴的新型手工工具。若没有点点胶，可以用双面胶代替。

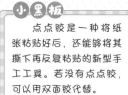

能够随意换装的小狗来了，真是太有趣啦。

7.8 宠物身份卡

家里的宠物是不是有着独特的身份呢？来做宠物身份卡，给它们一个正式的身份证明吧！

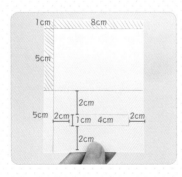

01 在白色卡纸上，用铅笔绘制出身份卡外壳的尺寸图。

02 用剪刀将尺寸图剪下来。

03 把粘贴位往内折。

04 给粘贴位涂上胶水。

你的宠物是什么样的耳朵呢？

05 沿身份卡外壳的中线上下折叠，并粘贴组装好外壳。

06 装饰外壳，可以在外壳上粘贴一对小耳朵。

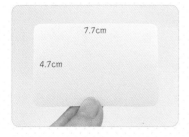

7.7cm

4.7cm

07 准备好身份卡内页卡纸，将边角修剪成圆角，这样可以防止割手，并且也更美观。

08 把内页卡纸放进卡套。

09 在窗口左侧的位置，给内页涂一点胶水。

10 把绘制好的宠物头像粘贴在内页涂胶水的地方。

11 拉出内页，在卡片右侧露出的区域写下宠物的信息。另外，可以给卡片粘贴个小尾巴作为装饰，完成制作。

"本喵也是有身份的喵了。"

7.9 跳舞小人

生命在于运动，快来制作简单的跳舞小人，一起舞动吧！

01

用圆规在卡纸上画一个圆形，然后用剪刀剪下来，再用马克笔画一圈花边做装饰。中间像上图一样画出4个小点作为标记，注意左右的间距要大一些。

02

用尖锐的工具在小点处钻孔。

03

把细线或丝带穿进孔里。

04 将丝带的另一端穿进同一行的另外一个孔里。

05 将丝带在背后打结固定住，可以将丝带留长一点，这样动作幅度会更大。

06 用同样的方法，给下面一行的两个小孔也绑上丝带。

07 拿出一根丝带，从这两根丝带的下方穿入。

08 将这根丝带打结并固定住。

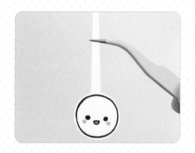

09 在另一张卡纸上画出一个小脸蛋，在脸蛋上方留出用于手持的长条卡纸，用剪刀剪成上图的样子。

10 给线头涂上胶水。

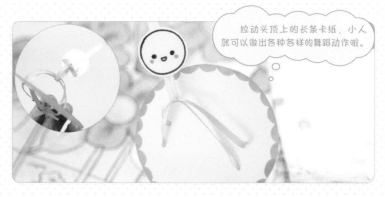

拉动头顶上的长条卡纸，小人就可以做出各种各样的舞蹈动作啦。

11 把小脸蛋粘贴到线头上，模拟头部和脖子，完成制作。

一起来跳舞吧!

7.10 冰棍棒扇子

夏天的快乐是冰棍给的，用冰棍棒制作的扇子，是不是能传递出双倍的快乐呢？

01 在白色卡纸上，用马克笔绘制出扇子的图案，大小任意。

02 在底部垫上另一张白色卡纸。

03 用剪刀把扇子的图案剪下来。

04 将扇子的底面涂满胶水。

05 把冰棍棒粘贴到扇子的背板上。

06 在冰棍棒与扇子重合的区域涂上胶水。

07 把扇子正面与底面粘贴在一起，完成制作。

用可爱的扇子扇扇风，降降温。

第8章
生日贺卡

亲手做的生日礼物承载了送礼人满满的心意，将诚挚的祝福，送给你最重要的人。一起来给你身边亲爱的寿星制作一份生日礼物吧！

8.1 立体邮票贺卡

把祝福折叠起来，然后邮寄给你。

01 准备一张长宽比约为3:1的彩色长方形卡纸。

02 沿彩色卡纸的长边对折。

03 将靠前的一面往下对折。

展开后会得到一串接近圆形的孔，是不是很像邮票孔呢。

04 将靠后的一面往下对折，整体形成一个M形。

05 用直尺辅助量好尺寸，再用铅笔在折叠线上画出间隔均匀的标记点，最后用打孔器打上半圆形的孔。

06 准备比单张邮票小一圈的白色卡纸。用勾线笔在卡纸上绘制生日主题的图案，并写上祝福语。

可以把卡片边角修剪得圆润一些，这样会更可爱哦。

07 用马克笔对图案涂色，4张卡纸的图案采用同一系列的配色会更和谐。

叠起来是祝福卡，展开是连体邮票，站立起来还可以当作装饰画呢。

08 在图案卡片背后涂上胶水，再粘贴到邮票上，完成制作。

快给你身边的寿星邮寄一份独特的祝福吧！

8.2 小熊蛋糕贺卡

小熊脑袋，可可爱爱。打开贺卡，会出现一个惊喜蛋糕的小机关哦。

01 准备一张白色的长方形卡纸。

02 将卡纸沿长边上下对折，用铅笔在中间的位置绘制出两条短短的垂直线。

03 用剪刀沿这两条短线将卡纸剪开。

展开后还是一个平面哦。

04 展开卡纸，并把两条直线的折叠线往前拉，形成一个"台阶"。

05 在卡纸上，用马克笔绘制出小熊轮廓并将其剪下来。注意在下方留出留言区域，用来写祝福语。

06 准备一张新的卡纸，并用勾线笔绘制一个小熊蛋糕图案，尺寸要比"台阶"大一圈。然后用剪刀将图案剪下来。

07 用马克笔涂色，颜色应该与小熊卡片采用同一组配色，这样成品才会更加和谐。

08 给"台阶"的竖面涂上胶水。

09 把蛋糕图案粘贴到"台阶"的竖面上。

10 贺卡背后有缝隙？没关系，给它粘贴一个背板吧。

11 用剪刀沿着小熊贺卡的轮廓进行修剪，剪掉多余的卡纸。

12 将贺卡折叠起来，完成制作。

寿星打开贺卡后，就能看到蛋糕啦。

8.3 蛋糕切开贺卡

一起来切蛋糕吧，切开以后还能看见祝福语呢！

$O1$ 在白色卡纸上，用铅笔绘制出尺寸图。当然，你也可以根据需要等比例放大或缩小尺寸图哦。

$O2$ 将卡纸两侧沿着折叠线往内折。

03　用勾线笔画出一个蛋糕图案，注意在两侧各预留一片"不剪开的区域"，用于连接贺卡的各个部位。

04　用马克笔涂色，画上一些小斑点丰富画面，让贺卡更加可爱。

05　用剪刀将贺卡剪下来，注意不要剪开这两个区域。

06　打开贺卡，在贺卡的内部写上祝福语，完成制作。

🐾 亲爱的寿星，快来切蛋糕吧。

8.4 蛋糕翻页贺卡

翻页贺卡是很有趣的贺卡款式。自己动手制作的贺卡，承载了满满的心意。

01 在白色卡纸上，用勾线笔画出一个蛋糕图案。

02 用马克笔为蛋糕涂色。用浅蓝色画出投影可以增加蛋糕的立体感。

03 卡纸背后透出了马克笔的痕迹，怎么办呢？老办法，粘贴一张背板吧！

04　用剪刀把蛋糕剪下来。

05　准备一张与蛋糕背板颜色相同的正方形卡纸，将尖角修剪得圆润一些，并在左侧中间留出一个长条。

06　将长条往内折，再在末端涂上胶水。

07　把蛋糕粘贴上去。

快叫寿星来翻蛋糕吧，幸福感满满呢！

08　用马克笔在卡片边缘画一圈装饰花边，还可以在内部写上祝福语，完成制作。

8.5 蛋糕立牌贺卡

贺卡除了收藏起来，还可以摆出来哦。一起来做蛋糕立牌贺卡吧，放在桌面随时都能看到它。

01 准备一张彩色的长方形卡纸。

02 沿长边对折。

03 拿出另一张白色卡纸，用勾线笔在上面绘制出一个蛋糕和一些生日小元素。

注意蛋糕的上半部分应该超出贺卡区域。

04 用马克笔涂色。给奶油加上高光和阴影，这样蛋糕会更加逼真哦。

05 用剪刀将图案剪下来。然后用胶水把蛋糕图案粘贴到贺卡的表面。

06 把生日小元素也粘贴到贺卡空白区域。再用彩色勾线笔点缀贺卡，让它更加精美。

07 打开贺卡，在内部写上祝福语，完成制作。

还可以把贺卡打开一定的角度，当作装饰立牌立在桌面上。

8.6 螺旋贺卡

想要一个"炫酷"的小机关贺卡吗？那就来看看这个螺旋生日贺卡吧。

01 准备一张长宽比为2:1的彩色卡纸。

02 沿长边对折。

03 准备一张圆形的彩色卡纸，用铅笔画出上图所示的螺旋形状。

O4 用剪刀沿着卡纸的螺旋线剪开。

O5 在螺旋的末端涂上胶水。

O6 把螺旋放置在贺卡下部的中间位置，同时将螺旋的末端粘贴到贺卡上。

O7 在螺旋的起点涂上胶水。

O8 将贺卡合起来，螺旋的起点就粘贴到贺卡的上部啦。

O9 准备一张白色卡纸，用勾线笔绘制出生日主题的图案。

可以在粘贴前先摆放一下小图案，看看位置是否合适。

10 用马克笔涂色，可以参考彩虹的配色哦。

11 用剪刀把图案都剪下来，并用胶水粘贴到螺旋上，完成制作。

打开贺卡，惊喜"嗖嗖"扑面而来。

8.7 旋转爱心贺卡

送给亲密朋友的贺卡，务必要安排上旋转的爱心。

01 准备一张长宽比为2:1的彩色卡纸。

02 沿长边对折。

03 在右侧居中的位置，用刻刀刻出一个圆形的镂空。

04 在另一张粉色卡纸上用铅笔绘制出爱心，同时在底部垫上一张相同颜色的卡纸。

这样就能得到两颗一样的爱心啦。

05 用剪刀沿着爱心的轮廓，将两张卡纸一起剪下来。

06 将一颗爱心涂上胶水，并在中间的位置粘贴一根细线。

07 把另一颗爱心也粘贴上去。

08 用胶水将细线的两端粘贴到圆形的上下区域。

09 准备一张白色卡纸，再用勾线笔绘制出装饰图案。

10 用马克笔为图案涂上颜色。

11 用剪刀将图案剪下来，并用胶水粘贴到贺卡上，完成制作。

打开贺卡，爱心随着生日的祝福旋转起来。

8.8 生日刮刮卡

像刮刮乐一样的期待与惊喜，让生日出乎意料。

01 在任意大小的白色卡纸上，用勾线笔绘制出生日图案，并在中间写上祝福语。

02 用马克笔涂色，然后在背景上画一些斑点，增加画面的氛围感。

03 在卡片的表面粘贴上透明胶带或冷裱膜。

04 用丙烯笔或丙烯颜料将文字区域遮挡起来。

05 待颜料干透后，用坚硬的物品轻刮涂层，就可以刮出惊喜，完成制作。

开奖啦！好玩又有创意，快来试试吧。

第9章
节日小礼物

生活需要仪式感，节日使平凡的日子变得更有纪念意义。亲手制作节日手工小礼物，送给重要的人，传达节日的气氛与祝福。一起热爱生活，一起表达爱意吧！

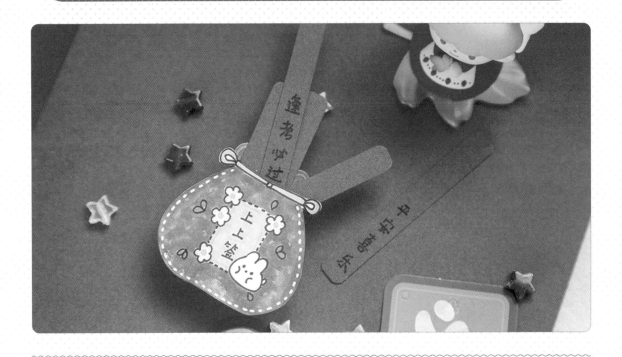

01 先用剪刀将白色卡纸剪成福袋形状。

02 拿出一张大一些的白色卡纸，用铅笔沿着福袋卡片描出两个相同的轮廓。

03 用勾线笔和马克笔，在福袋轮廓中分别画出福袋的背面和正面。

04 用剪刀如上图所示修剪福袋。

05 除了开口的位置，在福袋背面的边缘处涂上胶水。

06 把福袋的正面盖到背面上，粘贴牢固。

07 此时，能够看到周围有一圈白边。用红色的马克笔给白边涂色，让细节更加精致。

这是上上签的尺寸参考，要能将签上的文字区域都塞到福袋内哦。

08 制作上上签纸条，写下期望的新年好运。

09 把上上签纸条从福袋开口塞进去，完成制作。

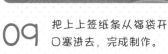

让我猜猜你想抽到什么签。

9.2 春节迷你红包

过农历新年最令人期待的事情之一，就是收红包了吧。一起制作迷你小红包，把这份喜气传递起来。

01 准备一张6cm×10cm的红色卡纸。

02 沿短边将两侧各往内折1cm。

03 将上方留出2cm后，沿长边从下往上对折。

04 将上方区域折下来。

05 用剪刀修剪一下，得到上图的效果。

06 将粘贴位往内折，并涂上胶水。

07 把红包口袋粘贴牢固。

可以根据每年的生肖更换动物图案哦。

08 拿出一张新的白色卡纸，用勾线笔绘制新年小图案。

09 用马克笔涂色，可以使用红色、黄色增加画面的喜庆感。

10 用剪刀将图案剪下来，并将图案的下半部分涂上胶水。

11 把图案粘贴到红包封面上，得到一个卡槽，完成制作。

往红包中塞进硬币，或者祝福语纸条，新年我要发发发！

9.3 元宵醒狮灯笼

元宵节有着观灯的习俗，来做一个热闹且喜庆的醒狮灯笼吧。

01 分别准备两张大小相同的红色圆形卡纸和一张红色长条卡纸。

02 将长条卡纸的长边两侧往内折1cm，预留出粘贴位。

03 用剪刀将粘贴位剪成锯齿状。

04 将锯齿外侧涂上胶水，并卷成弧形。

05 先把长条卡纸粘贴到圆形卡纸的边缘，并沿着圆形卡纸环绕半圈。然后把多余的长条卡纸剪掉。

06 在另一侧的粘贴位上粘贴另一张圆形卡纸。

醒狮图案的大小需参考灯笼的大小进行绘制。

07 在左右两侧用打孔器各打出一个小孔，同时往圆孔里穿入绳子并绑好，作为灯笼的提手。

08 在另一张白色卡纸上，用勾线笔绘制出醒狮的面部和耳朵。

09 用马克笔涂色，选择高饱和度的颜色表现出热闹喜庆的画面。然后用剪刀将它们剪下来。

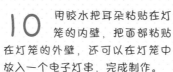

10 用胶水把耳朵粘贴在灯笼的内壁，把面部粘贴在灯笼的外壁，还可以在灯笼中放入一个电子灯串，完成制作。

一起提灯去闹元宵吧！

9.4 妇女节蝴蝶手环

女性的美,就像自由且浪漫的蝴蝶。那是一种强大的温柔,愿每位女性,都能飞往自己向往的花园。

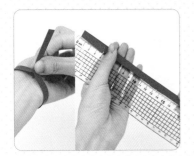

01 用纸条或绳子沿着手腕绕一圈并做出标记,再用直尺量出标记的长度,就能得到手腕围度啦。

手腕围度加 1~2cm

3cm

02 在白色卡纸上,用铅笔画出一个宽度约为3cm,长度比手腕围度长1~2cm的长方形。

03 紧挨着长方形右侧边缘垫上一张白色卡纸,然后用铅笔绘制出半只蝴蝶的翅膀。

04 用剪刀把蝴蝶的翅膀剪下来，用铅笔紧挨着长方形的右侧描边。

05 将蝴蝶的翅膀向左翻转，用铅笔紧挨着长方形的左侧描边，得到对称的效果。

06 想要绘制渐变效果的翅膀，可以先用马克笔快速涂出浅色区域，趁浅色区域未干时，再用比刚才颜色略深的马克笔涂出深色区域，之后用浅色马克笔将交叠位置涂一遍，让颜色之间相互过渡和融合。

07 待颜色干透后，用勾线笔和高光笔画出蝴蝶翅膀的纹路。

08 绘制另一侧翅膀，尽量将两侧的翅膀画得对称一些。

09 用剪刀在右侧蝴蝶翅膀与长方形分界的位置，从下往上剪开一半。

10 用剪刀在左侧蝴蝶翅膀与长方形分界的位置，从上往下剪开一半。

11 把长方形纸条绕成一个圆环，将蝴蝶翅膀的两个开口相互卡住，完成制作。

🐾 你的美丽就像那自由的蝴蝶。

9.5 清明青团捏捏

青团是清明节的传统特色小吃，快来制作圆鼓鼓的青团捏捏吧。

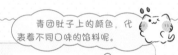
青团肚子上的颜色，代表着不同口味的馅料呢。

01 在白纸上用马克笔绘制出青团的图案，等颜色干透后，用勾线笔绘制表情。

02 在青团底部垫一张白纸。

小黑板
尽量把青团画得大一些，这样后期才能塞进多一点的棉花哦。

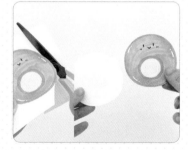

03 用剪刀沿着青团的轮廓，将两张白纸都剪下来。

得到两张一样大小的青团形状。

04 把剪下来的白纸翻一面，用马克笔涂满绿色，青团的背面就完成了。

05 给青团的正面粘贴上透明胶带。

06 沿着青团的轮廓，用剪刀把多余的胶带按一定间距剪开。

07 将青团的背面与正面重叠。

08 把刚才剪好的胶带，一块一块向后粘贴牢固。

09 注意留出一个口子，不要完全贴合。

10 将棉花从这个口子塞入，塞得鼓一点。

🐾 你喜欢什么馅的青团呀？

11 把剩下的胶带继续向后粘贴牢固。可以给青团的背面也粘贴上透明胶带，做好封层，完成制作。

9.6 母亲节惊喜盒子

在母亲节这天，亲手给妈妈制作一个充满惊喜的告白盒子，表达你对她的感激与爱吧。

01　在白色卡纸上，用铅笔绘制出盒子的尺寸图。

02　用剪刀将尺寸图剪下来。

03　在粘贴位涂上胶水，把盒子粘贴组装起来。

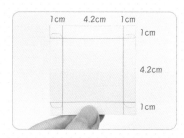

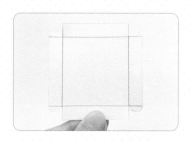

04 准备另一张白色卡纸，用铅笔绘制出盖子的尺寸图。

05 用剪刀将尺寸图剪下来。

06 在粘贴位涂上胶水，将盖子粘贴组装起来。

07 用马克笔和勾线笔绘制爱心告白文字卡片。

08 用透明胶带或胶水，把文字卡片按顺序粘贴到绳子上。

09 将绳子用透明胶带或胶水分别粘贴到盒子和盖子的内部。

10 准备新的白色卡纸，用马克笔绘制出母亲节的装饰元素。

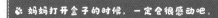
妈妈打开盒子的时候，一定会很感动吧。

11 将图案剪下来，并用胶水粘贴到盒子上，最后绘制一些小元素装饰盒子，完成制作。

9.7 儿童节棒棒糖

节日专属棒棒糖，送给爱吃糖的小朋友。

01 准备一张白色卡纸。

02 上下对折。

注意在卡纸的折痕位置预留一段直线。

03 拿出一根棒棒糖放置在卡纸上，并用铅笔标记出大约3倍棒棒糖直径的宽度。

04 在标记区域内，用马克笔绘制小动物的头像。

05 用剪刀将小动物的头像剪下来，在折痕的中间剪出一个棒棒糖棍子能够穿过的圆孔。

07 用胶水把前后两面的小动物耳朵粘贴在一起，完成制作。

06 把棒棒糖的棍子穿进圆孔。

还可以绘制其他具有童趣感的图案哦。小朋友们，快来吃糖啦。

9.8 父亲节奖牌

父亲是儿女坚实的臂膀，给爸爸制作一个奖牌挂件，感谢他的付出吧。

得到与奖牌一样大的形状。

01 在白色卡纸上，用勾线笔绘制父亲节主题的图案，并用剪刀将卡纸的边缘修剪成波浪状。

02 用马克笔涂色，使用高光笔给背景画上流星的效果，让画面更美观。

03 把奖牌垫在卡纸上，用铅笔描出轮廓。

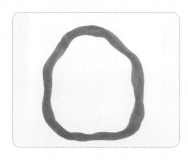

04 用马克笔给波浪的内侧涂上一圈蓝色，并用剪刀把蓝色区域剪下来。

05 准备一张小的长条卡纸。

06 把长条卡纸折成Z形。

07 在Z形长条的直边位置涂上胶水。

08 将直边粘贴在蓝色圆圈的背面。

09 给蓝色圆圈均匀分散地多粘贴几个Z形长条。

10 把Z形长条另一端，用胶水粘贴到奖牌的底板上。

11 绘制一些小图案粘贴在边框上作为装饰，然后在空隙处穿入一根挂绳，完成制作。

爸爸收到后一定会既欣慰又骄傲的！

9.9 教师节花束

老师是辛勤的园丁, 培育着祖国的花朵。来制作一束花束, 感恩老师的谆谆教诲吧。

01 在白色卡纸上, 用铅笔绘制出一个像甜筒的图案。

02 在这个图案的两侧画出两个半圆形。

03 用剪刀将图案剪下来。

04 把左侧半圆形沿折叠线向右折叠。如果与右侧的半圆形有重叠，就用剪刀把重叠区域剪掉。

05 把右侧的半圆形向左折叠。

06 在左侧的半圆形下方涂上胶水，然后把右侧的半圆形折过来，与左侧半圆形粘贴在一起，得到花束包装。

07 在另一张白色卡纸上，用勾线笔和马克笔绘制一些小花朵和小叶子，将它们剪下来。

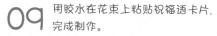

给老师送花花啦。

08 用马克笔给花束包装涂上颜色，再把小花朵和小叶子都用胶水粘贴到花束包装上。

09 用胶水在花束上粘贴祝福语卡片，完成制作。

9.10 中秋月饼按按乐

说起中秋节，你一定会想到月饼吧。来做一个中秋月饼的按按乐，一边赏月一边玩呀。

可以将长条卡纸在圆形月饼上绕一圈，来对比出长度是否合适。

01 用圆规绘制一大一小两个圆形，大圆形的直径要比小圆形长约1cm。然后，在小圆形上用勾线笔画出月饼的图案。

02 用马克笔涂色，可以使用深色马克笔描边，以突出月饼花纹的立体感。

03 准备一张宽度为3cm的白色长条卡纸，长度要比月饼的周长还长一些哦。

04 沿长边的一侧向内折1cm左右，作为粘贴位。

05 用剪刀将粘贴位剪成锯齿状，然后卷成与月饼大小相同的圆筒。

06 用马克笔涂色，并在粘贴位涂上胶水。

07 用剪刀将月饼图案剪下来，并粘贴到粘贴位上。

08 用同样方法将大圆形也做成圆筒的样子。

09 准备两张20cm×2cm左右的长条卡纸，并将它们的顶端垂直粘贴在一起。

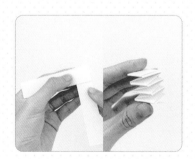

10 将压在下方的长条卡纸向上方的长条卡纸方向折叠，反复循环，折成纸弹簧的样子。

在自然状态下，弹簧的高度需保持在2~3cm。

11 在纸弹簧的两端涂上胶水，将其中一端粘贴到大圆筒的内部。

12 把小圆筒盖进大圆筒里，这时纸弹簧就粘贴到小圆筒的内部了，完成制作。

用手按着一弹一弹的，真是太有意思啦。

9.11 重阳寿桃捏捏

如今重阳节的活动有登高赏秋与感恩敬老。来制作一个寿桃捏捏，送给你尊敬的长辈吧。

01 在白色卡纸上，用圆规绘制一个圆形，用马克笔把它涂成桃仁的颜色。

02 在卡纸表面粘贴上透明胶带或冷裱膜。

03 用剪刀把圆形剪下来，并从边缘处向圆心的位置剪出一个口子。

04 将口子两侧向内推，形成一个圆锥，作为桃仁。

05 用透明胶带粘贴固定住重合的部位。

06 拿出一张白色卡纸，把折好的桃仁放置在卡纸上，用铅笔沿着桃仁边缘描出圆形轮廓。

07 用马克笔围绕圆形绘制出一个桃子。

08 用勾线笔绘制可爱的表情，并用剪刀将桃子剪下来，注意用刻刀将中央的圆形刻出镂空。

09 给桃子的正面粘贴上透明胶带或冷裱膜。

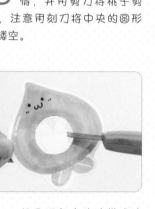

10 把四周多余的胶带或冷裱膜剪掉，用美工刀将中间的圆圈部分划出米字形。

11 将桃仁从背后塞进圆圈，完成制作。

9.12 冬至吐泡泡汤圆

冬至吃汤圆，圆圆满满。来制作一个能够吐泡泡的汤圆吧。

01 在白色卡纸上，用马克笔绘制出汤圆的图案。注意在汤圆中间预留出一个圆形作为大嘴巴。

02 在汤圆底部垫上一张白色卡纸。

03 用剪刀沿着汤圆的轮廓线，将汤圆和白色卡纸一起剪下来。

04 将汤圆的嘴巴用刻刀刻出镂空的圆形，得到一个汤圆的正反两面。

05 准备一个气球，向内吹一点气，然后打结。

06 把气球放在汤圆的背面，并用透明胶带固定住气球口的位置。

小黑板

也可以在汤圆的背面粘贴上透明胶带或冷裱膜，这样汤圆会更加耐脏哦。

07 在汤圆的正面粘贴上比汤圆大一圈的透明胶带或冷裱膜，注意把嘴巴镂空。然后将汤圆的边缘留出的透明胶带或冷裱膜按一定间距剪出一个个口子。

08 将汤圆的正反两面盖在一起。

09 把汤圆四周的胶带沿着边缘一块一块向后粘贴至汤圆的反面，完成制作。

捏捏汤圆的小脸蛋，它就会吐泡泡啦。哎呀，我的汤圆馅流出来啦！

9.13 除夕福字贴纸

除夕，家家户户都要给屋子贴福字。来自制福字贴纸，把它们贴在家里增添福气吧。

01 在白色卡纸上，用勾线笔绘制"福"字。可以根据来年的生肖，改变动物的图案哦。

02 用马克笔涂色。建议使用红色和黄色作为主色，这样看起来会更加喜气洋洋。

03 准备红色的正方形卡纸，将边角修剪成圆角。

04 用剪刀把福字剪下来，并在背后涂上胶水，将它粘贴到红色的背板上。

这样是不是更喜庆呢？

05 用金色的珠光笔描边，并在画面的空白处绘制一些小点，形成洒金般的纹理效果，完成制作。

使用双面胶把福字贴贴起来，为家里增添福气吧！

❀ 端午祝福举牌 ❀

❀ 勺子小扇 ❀

吸管夹子

吸管举牌

小方收纳筐